Most Popular Private Courtyard Design

品私家庭院 II

上海溢柯园艺有限公司　主编

江苏凤凰科学技术出版社

Contents 目录

独栋别墅

Contents 目录

Single Villa

独栋别墅

独栋别墅即从结构上讲，独门独院，上有独立空间，下有私家花园领地，是私密性很强的独立式住宅，上、下、左、右、前、后都属于独立的空间，一般房屋的周围都有面积不等的绿地、院落。此外，市场上还有一种特殊类型的别墅，从建筑类型上看属于独栋别墅，但是因为其面积大、价值高、景观好、较稀缺的特点，在研究别墅庭院类型时将其特殊分类，被称为"顶级别墅"或"超级别墅"，"顶级别墅"一般地处风景秀美的远郊或休憩胜地，多为度假别墅。

优秀的庭院景观应该具备：① 明晰的整体风格。选择异域风情还是传统的园林式，既要根据主人的个人喜好，又要考虑整体环境和小区风格。只有这样才能做好庭院设计的第一步。② 合理的整体布局。布局的成功与否，是庭院美与不美的关键。布局有很多规则可循，但是都会有主次景观之分，一个庭院有一到两个突出的视觉点已经足够。③ 个性化的设计。景观再美，没有个性化的设计或者要求就是平淡无奇、缺少生机的。因此，在进行庭院设计时，设计师必须对主人充分了解，根据其特定的家庭成员、特定的性格爱好，做出相应的方案。④ 生活理念的提升。别墅带给人的不仅仅是宽敞的空间和种满植物的庭院，更是一种新的生活方式。对庭院的理解必须上升到生活理念的层次，而不是仅仅停留在植树理水上。

Rancho Santa Fe 92

兰乔圣菲 92 号

案例地点：上海市
案例面积：800 ㎡
设计单位：溢柯花园设计建造事业部
设 计 师：石月伟

建筑主体以美国南加州风格为主，融合了西班牙的元素，古朴、自然。本案延续了建筑独特的风格特点，在布局上采用移步异景、先抑后扬的手法，使建筑和庭院完美结合。设计师与主人经过深入沟通，了解主人的家庭结构和生活习性后，在功能上规划了适合孩子们一起观景玩耍的小木屋以及可供其学习的户外书房，为男主人设计了会客喝茶聊天的观景亲水平台，为女主人设计的户外厨房，让家里的每个成员都可在户外找到活动的空间。在细节上，通过植物及饰品真正营造出温馨、浪漫的花园生活。

兰乔圣菲 92 号

Santa Barbara Villa

达安圣芭芭样板房

案例地点：上海市
案例面积：400 ㎡
设计单位：溢柯花园设计建造事业部
设 计 师：姚婷

花园的平面规则而平整，建筑东面为入户大门，大门的左侧位置掩映在姿态优美、层次鲜明的植物中，拱形小门搭配爬满玫瑰花的园艺栅栏，含蓄而热情地迎接光顾花园的客人。西班牙风格的建筑注定了花园的内心是热情的，步入花园拱门，脚下踏着园艺砖小路，左侧是颜色鲜艳的花境区，前方是美丽的喷泉，听着潺潺的流水声，闻着花香，沐浴着温暖的阳光，草坪把视野引到更广阔的空间中。花园家庭主要活动区（烧烤及餐厅区）位于花园的西南角，集烧烤、吧台休闲、就餐为于一体的功能活动区，可以满足家庭聚会等多方面的使用需求，选择不同的位置享受个体的自在，使亲人朋友可以更加亲密地交流。"L"形的玫瑰单臂藤架为活动区营造了浪漫、优雅的花境氛围。

映衬着花园大草坪的别墅建筑，和谐而端庄，西班牙的风格绝对还隐藏着更多让人惊喜的地方，园艺砖小路贯通花园的各个角落，也引到了花园的下沉位置，步入花园的弧形下沉楼梯，另一片小天地在静静等候。姿态优美的乔木和鲜艳和谐的花境恰到好处地点缀在下沉花园的各个角落。花园的视野一直延伸至建筑的地下室，透过地下室的各个窗户，植物随处掩映。下沉的环境营造了独有的私密感，可以在此摆上一桌二椅，和亲密朋友及家人享受闲适而幽静的下午茶时光。

花园的北边主要是园艺活动体验区，在此位置设计了花园菜地，为家人提供健康的、亲自参与劳动的果实。花园的美妙味觉也在此时定格。

1   入户拱门
2   规则花境
3   汀步
4   嵌草地坪
5   小水景
6   对景玫瑰网架
7   阳光大草坪
8   吧台
9   烧烤台
10 固定坐凳
11 花园餐厅
12 弧形台阶
13 下沉休闲区
14 下沉趣味地坪
15 西南侧院小径
16 北院菜园

总平面图

Sheng De Manor

圣德庄园

案例地点：上海市
案例面积：400 ㎡
设计单位：溢柯花园设计建造事业部
设 计 师：姚婷

圣德庄园位于闵行别墅区都市路风情街上，整体以纯粹的西班牙风格建造，大量使用文化石、原始木方等元素，营造出浑厚的历史感。天然活水溪流系统将整个庄园精妙地联系在一起，使每一个角落都焕发出勃勃生机，实现了"户户观水"的生态理念。

花园整体以大面积草坪为主，蜿蜒的园路以及草坪周围的景观点缀，尽显大气而精致。由特色铁艺门进入，入口处精致的秋千隐藏在绿意盎然的植物中，沿着曲折的铺装、变幻的花园小路逐渐步入花园深处，更是豁然开朗。草坪的边缘亦有细节处理，通过结合陶罐组

合栽，以及植物和花坛的搭配，将视线沿草坪延长。花坛旁设置彩色座椅，隐谧于植物丛中，营造了静谧的私密空间，同时也为在烧烤区活动的主人提供了休息娱乐的空间。沿着园路进入东院，为了亲近别墅南向的水面，设计师设置了一小片下沉空间，主人在这个区域可远眺水面景色，亦可亲近水面，在与水面相邻处堆石栽植水生植物，使这片区域更活泼、更具观赏价值。带座椅的花坛满足了主人休息的功能性要求，营造了居家休闲的花园氛围。

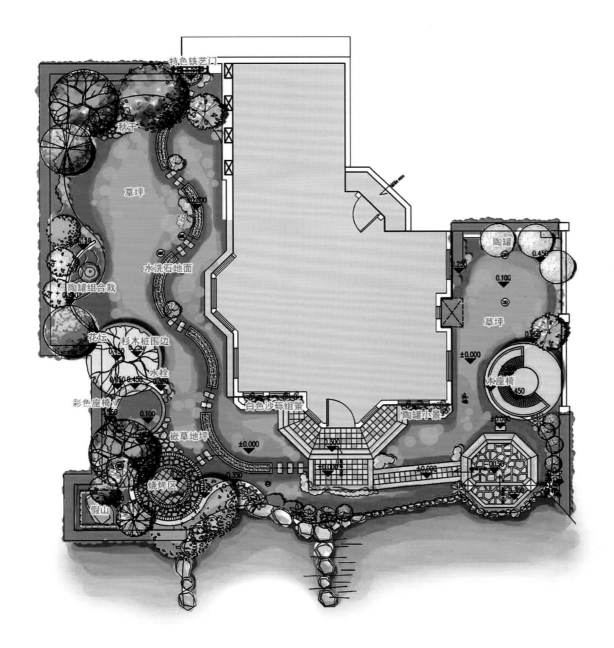

总平面图

Enjoy Personal Yard II
品私家庭院 II
独栋别墅

Jiaxing Longsheng · Right Bank Villa

嘉兴龙盛·右岸美墅

案例地点：嘉兴市
案例面积：220 ㎡
设计单位：溢柯花园设计建造事业部
设 计 师：姚婷

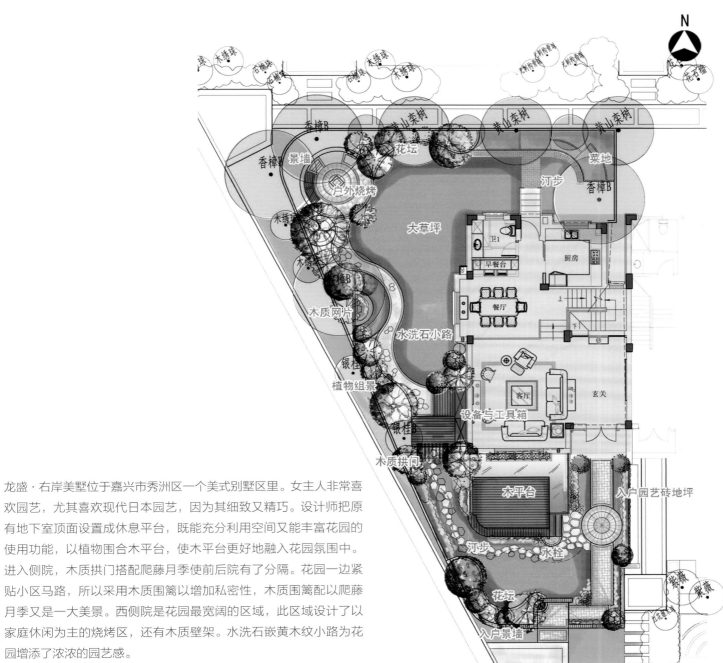

龙盛·右岸美墅位于嘉兴市秀洲区一个美式别墅区里。女主人非常喜欢园艺，尤其喜欢现代日本园艺，因为其细致又精巧。设计师把原有地下室顶面设置成休息平台，既能充分利用空间又能丰富花园的使用功能，以植物围合木平台，使木平台更好地融入花园氛围中。进入侧院，木质拱门搭配爬藤月季使前后院有了分隔。花园一边紧贴小区马路，所以采用木质围篱以增加私密性，木质围篱配以爬藤月季又是一大美景。西侧院是花园最宽阔的区域，此区域设计了以家庭休闲为主的烧烤区，还有木质壁架。水洗石嵌黄木纹小路为花园增添了浓浓的园艺感。

0 2 4 6 8 10m

总平面图

Vanke Jade 33

万科翡翠 33 号

案例地点：上海市
案例面积：830 ㎡
设计单位：溢柯花园设计建造事业部
设 计 师：侯坚英

如若把万科翡翠比作女子，那用端庄雅致来形容它是最贴切不过的了，循通道进入社区，心便会不由得安静下来。主人选择的是小区内带大型花园的宅邸，本身从事设计艺术相关行业的男主人，对花园从氛围、格局到材质、植物都有很高的要求，如何精准地打造符合主人心意的花园是本案的最大挑战。通过多轮商议，虽然建筑是现代的私家别墅，主人还是希望营造出他所喜爱的日式花园氛围。在提出需求后，设计师为主人打造出量身定制的日式庭院。前花园以现代简约风格的线条和块面呈现东方庭院神韵，后花园则彰显更纯粹的古典日式风格，向主人提交了一个圆满的方案。

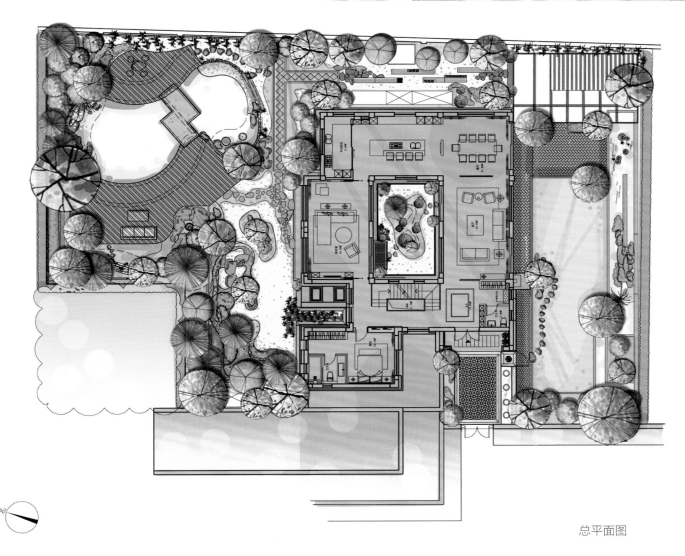

总平面图

入口处的地坪组合，由不同质感和颜色的花岗岩、卵石、瓦片精心组合构成，可见花园在细节之处的细腻手笔。

沿着入口向右走，踏着草坪中的汀步，可见传统日式韵味的植物组合。透过别墅南面的大落地窗，前院中心的英石景墙展现无遗，浓缩山水，意境盈满室。假山内暗藏雾喷，使意境更深刻地得到了渲染。

前院尽端，在精心制作的简约风藤架内设置了花园客厅，即使雨天也可让家人享受花园生活，主人购买了非常舒适的花园沙发和极简风格的烧烤炉，这里是花园中家人、朋友最乐意相聚聊天的地方。

沿着藤架往西侧院行走，主要在此布置花园的设备区域，主人的爱犬也在此安家，为主人爱犬定制的犬舍，也颇具日式建筑风格特色，使之成为花园的一部分。设备房的外立面采用传统日式的竹栅围合，既美化了设备区的外立面，也与花园的视觉元素协调统一。

花园的一大特色便是运用传统日式竹栅元素对花园的围合、分隔以及功能层次关系进行梳理，不同形式的竹栅也在此被充分利用，既统一又别具细节的多样化。

花园的后院是整个花园面积最充裕的一块，展现日式花园的精髓之处便是花园锦鲤池的建造。在侧院的小径上已能遥望到叠水之处，顺着流水往鱼池方向靠近，便觉景深层层，庭园深深。

水池周边的树木花草搭配颇具匠心，为锦鲤池提供了完美的背景。石桥是水池的点睛之笔，一端是宽敞的木质亲水地坪，另一端是通往私密、惬意的老石板地坪，为主人一家的活动提供多样化的选择，也使花园空间的视觉感得以扩大。

后院本没有从建筑到花园的出口，设计师利用后院的大窗户，设计成通往后花园的捷径。传统日式花园门廊下的木榻在这里被成功运用，主人也可坐在上面品一壶清茶，享受惬意的时光。

后院的路径也呈现出日式花园小路惟妙惟肖的变化，多种材料的拼接和设计上的细腻搭配，使花园的路径也成为花园中一个独特的景致，贯穿在路径中的植物岛，精致的植物搭配，处处见景，处处怡情。花园在此是看不完的风景。

别墅本身是"回"字形的建筑，中庭便是建筑的心脏，设计师给了建筑一颗"安静的心"，"青砖地、翠竹林、风轻宜人鸟语静"。本案园中有楼，楼中有园，通透的室内时时可以领略不同画面的花园美景，使建筑真正因花园而得以升华。

06

Enjoy Personal Yard II
品私家庭院 II
独栋别墅

"Beautiful Home" Flower Show-Rose Garden

"美丽家园"花展——玫瑰园

案例地点：上海市
案例面积：500㎡
设计单位：溢柯花园设计建造事业部
设　计　师：侯坚英

"庭园"是人类理想居所不可或缺的空间，拥有一方可与天地亲密对话、自由呼吸、舒展身心的庭园是大部分爱好生活、爱好园艺的都市人共有的愿望。

本案将展区按真实的庭园生活空间来打造，展现日常庭园的生活场景，让花展不仅具有赏花观景之效，还可以带给人们真实的园艺生活享受。

庭园以"英伦玫瑰园"为主题，采用中轴对称式格局，红色的园艺砖步道与中心草坪融为一体，给入园的人们带来开阔的舒畅感。在园中设置了三处花园生活空间：花园餐厅、花园客厅、花园品茗区。

白色的木亭在绿树的掩映下犹如一只美丽的鸽子，这里被设置成花园餐厅，在此小憩可俯瞰全院。

玫瑰花圃中，白色的欧风装饰网格与白色的亭子遥相呼应，既有围合又形成花园客厅的良好装饰。

在坡地的另一端顺地势建造了圆形木平台，设置一桌两椅，成为一处竹林旱溪边，可以作为两人对饮聊天的好处所。

本园的另一个亮点是上百种园艺植物，包括近20个品种的欧洲月季，整个园子在近3个月的花展期间，一直保持着其独特的魅力。边路、花圃中精心装点的精灵天使、背着花篓的小童、古雅的涌泉、欧风组合盆栽，为整个园子平添了无限的灵动与活泼。

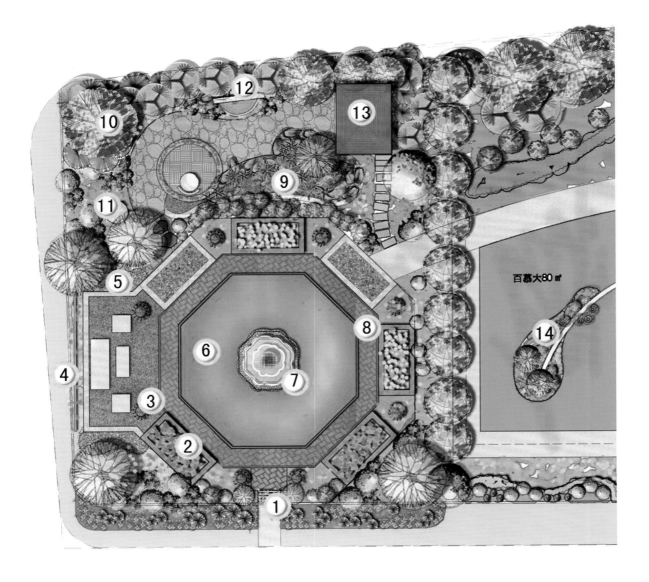

景观点：

1　拱门花架入口
2　玫瑰花坛
3　玫瑰树
4　玫瑰装饰网格
5　玫瑰花境
6　中央大草坪
7　成品欧风水景
8　园艺砖小径
9　岩石园
10　色叶球组和花冠丛
11　雕塑小品
12　壁泉水景
13　休憩凉亭
14　植物组景

总平面图

Peninsula Villa 46

东郊半岛 46 号

案例地点：上海市
案例面积：1200 ㎡
设计单位：溢柯花园设计建造事业部
设 计 师：侯坚英

本案建筑为楼盘中不多见的希腊爱琴海风格，小区公共景观也以双曲线手抹墙、五彩的碎瓷片、加拿利海枣营造出明快、惬意的希腊风。
此花园设计时最大的难点是地形的调整，出户平台与花园边缘亲水的岸线高差有足足两米，花园西向和南向最为开阔，且湖水环绕、景色宜人，只是可惜1/2的面积为斜坡地，不适合主人在花园中活动，是主人最为遗憾的。另外在现场的勘测中还发现：下沉花园与地面花园之间的高差大，感觉压抑，东侧洗衣房在地下室，通往花园的路径过长，无专用洗晒区等。
方案对花园的空间进行了大胆的高差改造，将坡地改为四个不同标高的平面空间，以台阶、矮墙、廊架、亲水石饰驳岸为自然过渡，非常有效地使花园在空间使用的有效性和视觉感上都扩大很多。同时也减小了下沉花园与地面花园之间的高差，使下沉花园也更舒适。又在东院开辟了半下沉花园洗晒区，从洗衣房设置台阶直通该区，

其实用性使生活更便利，衣物、被褥可方便地充分接受阳光的沐浴，成为家人健康生活的重要保障。
本案选用爱琴海海边建筑特有的白色曲线墙，局部区域以橙色点缀，呈现主人热情好客的一面。纯海蓝色的木质栏杆，是本案中不可或缺的主题元素，也是花园客厅平台上最亮丽的景致。西班牙仿古地砖、花砖、黄木纹石板、石灰石及海蓝色马赛克，每一样都在净白色矮墙、翠色绿坪的映衬下给主人和来访的朋友们带来轻快、欢乐的气氛。
在植物的选用上，考虑保证未来良好生长的持续性，只在院子中间枢纽区的主景点中配置了3棵适应性强、姿态轻盈优美的银海枣来点明主题风格，其他以株型自然、舒展的花、果灌木类为主，下层适当数量与品种的球类植物成为花境与小灌木的良好骨架，使花园四季都能绿意盎然、植被饱满。

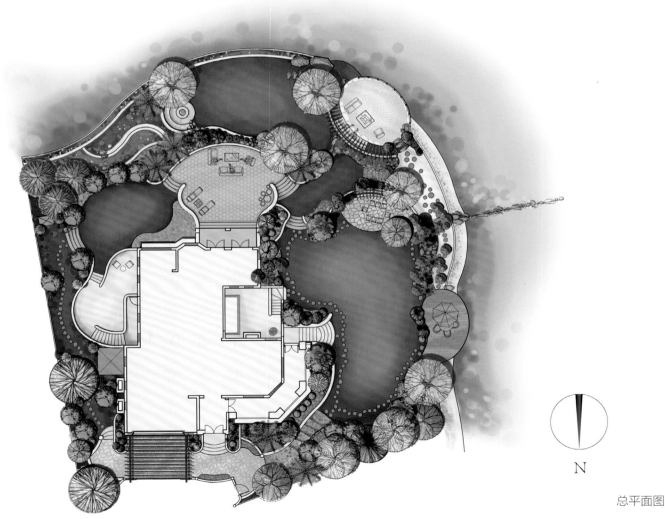

N

总平面图

佘山月湖 131 号

案例地点：上海市
案例面积：1300 ㎡
设计单位：溢柯花园设计建造事业部
设 计 师：侯坚英　赵弈

本案为庭园改建项目，建筑是大气的古典欧式风格。设计时，保留了侧院氛围良好的疏林草坪区域，对布局不太合理的前院及下沉空间做了大幅度调整，顺地势形成罕见的意大利台地园，呈现出 16 世纪欧洲贵族庄园的气势。

石材是欧式庭园中非常重要的元素，设计师运用与原建筑相同的砂岩板，厚规格的设计，使庭园既有稳重质感，表面肌理又非常温和。经典的刺绣花坛和巴洛克风格的地坪图案装饰给庭园增添了更多华贵感。

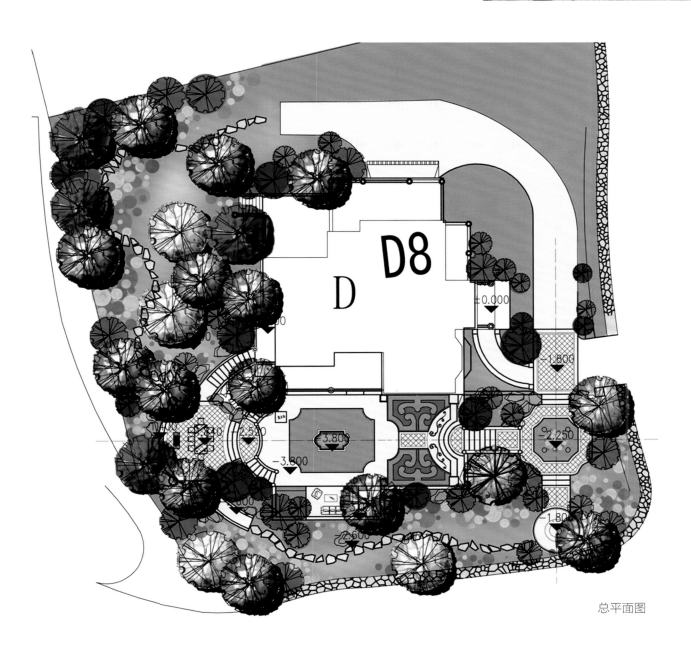

总平面图

Lakeside House

湖畔佳苑

案例地点：上海市
案例面积：250 ㎡
设计单位：溢柯花园设计建造事业部
设 计 师：赵奕

湖畔佳苑坐落于成熟高档的资深别墅圈内——沪青平公路规划为 40 万 ㎡ 的纯别墅区。湖畔佳苑别墅沿袭了西方建筑的简洁与东方建筑的神韵，在极为内敛的表现中尽情展露独有的高雅意境。

该花园分为南北两个院子，主人希望南花园以水为主要设计元素，透过室内的落地玻璃门，将一池静水引入室内。设计师以柔和的曲线，将出户地坪、水池、草坪等元素糅合在一起，再配以各种水生、垂蔓植物，形成温婉、柔和的景观效果。客厅中的落地玻璃明亮且开阔，主人喜爱的湖石被堆叠成小型假山，淙淙流水为花园增添了无限生机。花园西南角池水深处，设置了一个木质凉亭，亭中摆设躺椅，主人可以在此处悠享花园美景。主人希望北花园设计为日式风格，设计师将日式柴门、飞石汀步、日式枯山水、石灯笼、惊鹿、石佛等经典日式元素融入花木之中，使主人在不经意之间，即可体悟日式庭院的浓浓禅意。北花园有东西，两个室内房间可以进入花园，东侧为室内餐厅，应主人要求搭设阳光房，以扩展室内空间。阳光房对应的墙壁上设有水幕，为室内对景；西侧为和室，对应室内功能，和室外种植日式植物，并放置日式围篱，令人静心。

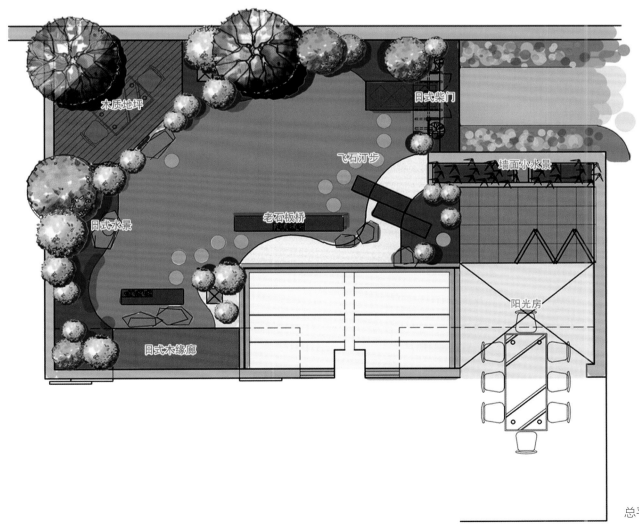

木质地坪

日式柴门

飞石汀步

墙面小水景

日式水景

老石板桥

阳光房

日式木缘廊

总平面图

Van Gogh Villa

梵高别墅

案例地点：上海市
案例面积：220 ㎡
设计单位：溢柯花园设计建造事业部
设 计 师：姚婷

梵高别墅是具有西班牙风情的独栋别墅社区，择址东郊板块，毗邻东郊国宾馆、汤臣高尔夫球场等，与地铁 2 号线延长线广兰路仅 200 m 之隔，交通十分便捷，更有途经小区的当当车，将老上海的繁华、优雅重现眼前。设计师现场勘查后发现，花园中的大面积区域被地形打断而不能走通，于是设计师将南院设计为下沉花园，将侧院与下沉花园贯通，打造为完整、畅通的花园，方便了主人家的日常生活。为契合主人的喜好，优雅的弧线成为花园的主要元素。花园有两个入口，由东侧花园入口沿台阶进入东院花园，旁边丰富的植物造景点缀其中，丰富了花园的空间层次。黄木纹地坪将主人引入下沉花园，视线豁然开朗。西侧花园入口沿汀步进入，设置入户廊架以增添纵深感，植物在此攀爬生长，不仅丰富了立面视线，还起到遮阴的效果。由于设备都位于西院，设计师在此处设置了小木屋，用木走道加以连接，逐级而下进入南院。南院有开阔的木质平台，满足了主人八人会餐的空间需求。在对景处巧设一处嵌入式小水景，与花坛和廊架结合，动静相宜，高低错落。东侧弧形座椅、花坛、绿植，营造了一个舒适又不失静谧的花园小空间。西面主要以功能性造景为主，设置了一小片菜园及户外操作台，为主人及小孩提供栽植体验的空间，同时在菜园的另一侧设置弧形木座椅，也给予了孩子们休息的空间。空间设计以优雅的曲线为主，满足了主人接待客人及其他功能性的空间需求，营造了温馨、愉悦的花园氛围。

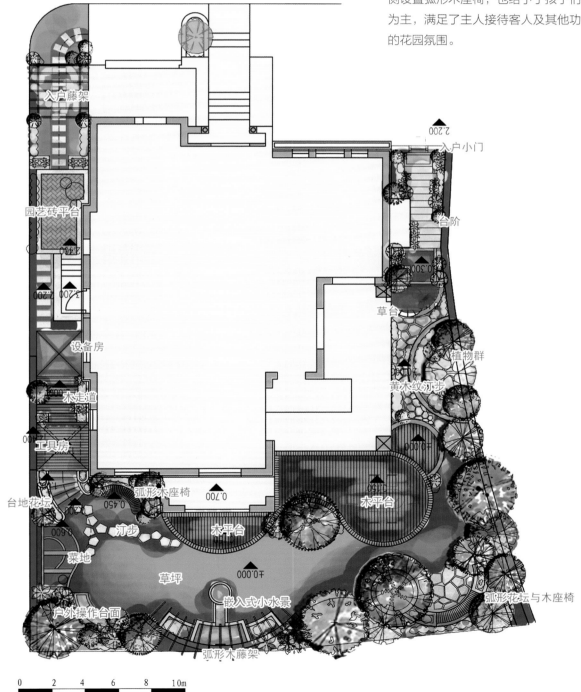

入户藤架
园艺砖平台
设备房
木走道
工具房
台地花坛
菜地
户外操作台面
弧形木藤架
弧形木座椅
木平台
草坪
嵌入式小水景
汀步
入户小门
台阶
草台
植物群
黄木纹汀步
木平台
弧形花坛与木座椅

0 2 4 6 8 10m

总平面图

East Villa

浦园千秋别墅

案例地点：上海市
案例面积：670 ㎡
设计单位：溢柯花园设计建造事业部
设 计 师：姚婷

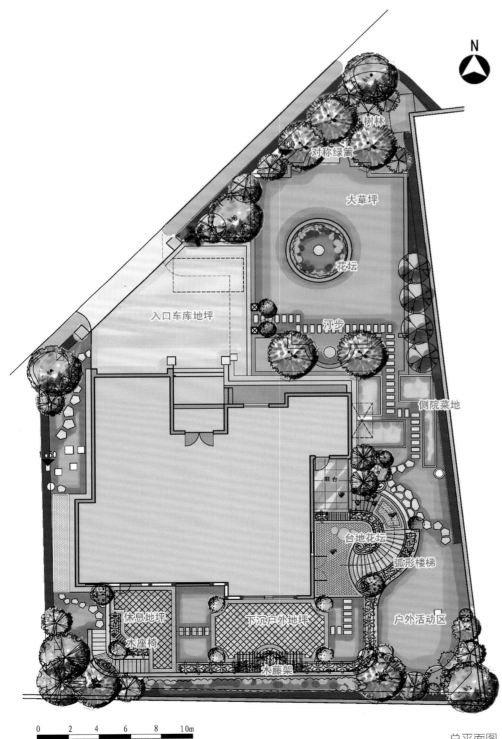

总平面图

本案由前院、侧院与南面下沉花园构成，应主人要求，营造极具观赏性和功能性的私家花园氛围。

入口主要是车库地坪和主入口地坪，由于现有地坪不能满足主人的使用需求，为了在设计时尽量保持原有地坪的完整性，在主入口区增加了一块"L"形地坪，提供了一个车位且不破坏整体布局。车库旁前院用矮绿篱围边，中间即开阔的草坪。东侧是光线最充足的区域，主人和家人活动的空间得以保障，草坪用植物围边，具有一定的私密性。南院即下沉花园，是整个花园设计的重心，东面侧院设计了一组弧形台阶通往下沉花园，配以错落的花坛，结合下沉的墙面，在立面上丰富了单一的墙面。大面积的硬质地坪为主人提供了休闲的去处，既具私密性又有观赏价值，两侧台阶保证了下沉花园通行的方便性。西院光线较弱且比较狭长，有许多井盖，所以西侧就力求保持道路的顺畅，并没有设置其他更多的功能。

Courtyard Villa in Western Suburbs

西郊名苑别墅

案例地点：上海市
案例面积：400 ㎡
设计单位：溢柯花园设计建造事业部
设 计 师：姚婷

北

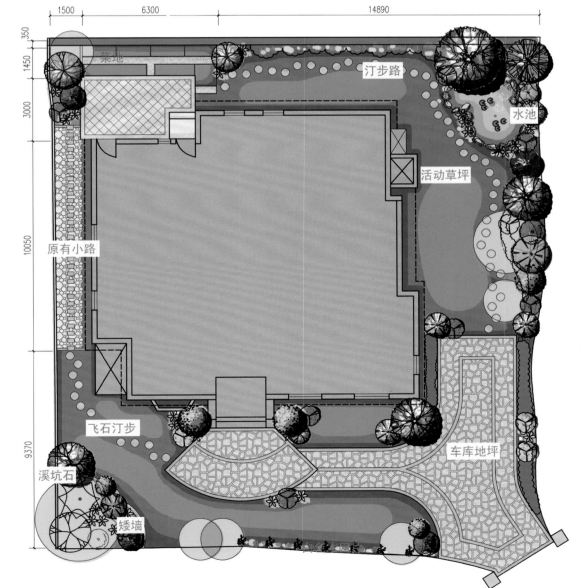

总平面图

西郊名苑别墅位于虹桥板块比较幽静的位置，临近西郊宾馆。

本案是改造项目，原有花园已经有停车场、小路和植物。但邻里之间的私密性比较差，通过设计，设计师把入户的车道与入户小路相结合，花岗岩乱拼地铺显得前院比较开阔，正院与隔壁家的距离比较近，私密性较差，故采用美观、实用的木质网片再配以爬藤的月季与金银花，一年以后就可以成为一面花墙。西南角原有一株香樟树，主人希望保留，树下相对于其他区域光线较弱，因此设计了有跌水的小水池，主人希望能在此养点鱼和水生植物，从室内看去，水的元素也使空间更加灵动。东侧院的植物相对于整个花园来说最为丰富，品种以四季交错的植物和果树为主，平整的草地是花园最为开阔的区域。

Rose Garden

玫瑰园

案例地点：上海市
案例面积：145 ㎡
设计单位：溢柯花园设计建造事业部
设 计 师：姚婷

这个145 ㎡的花园，围绕着建筑四周而生。建筑入口位于花园的东面，在设计之初，花园的植物很茂盛，其原有的香樟树和石楠树就高达四五米。花园大部分面积被茂盛的植物所遮挡，空间因而变得阴暗，唯有花园的南面阳光还比较充足。为了让主人享受更多的阳光空间，设计师在这个区域设计了一块阳光草坪，花园由此变得更为宽敞。花园的西南角草坪边有个小喷泉鱼池，在这里休憩时能听到潺潺的流水声。喷泉周边设计了以枯河床为主题的小型景观，与实体的水景形成一水一旱的景致变化，给空间带来趣味对比的同时，也提升了人们观赏的兴致。

花园的西侧通道狭长，光线较南面花园弱，基本可满足开花类植物的生长需求，主人希望在这里种菜，该设计满足了主人的要求，并在路径材质上做了细微的变化，通过对材质变化和植物与硬质的穿插，使小路像自然生长的小径般丰富而别致。

花园的北面也较为阴暗，植物以耐阴的观叶植物为主。穿插不同的材质路径，小路不再那么冗长，在里面行走也可以很好地享受植物变化带来的美感。小路边穿插的枯河床小景，也使阴暗的小路变得明亮起来。

1. 车库地坪
2. 青砖围边小路
3. 散铺砂砾地
4. 石板小路
5. 石板混铺
6. 旱溪
7. 花景
8. 花坛
9. 石板嵌鹅卵石小路
10. 植物组景

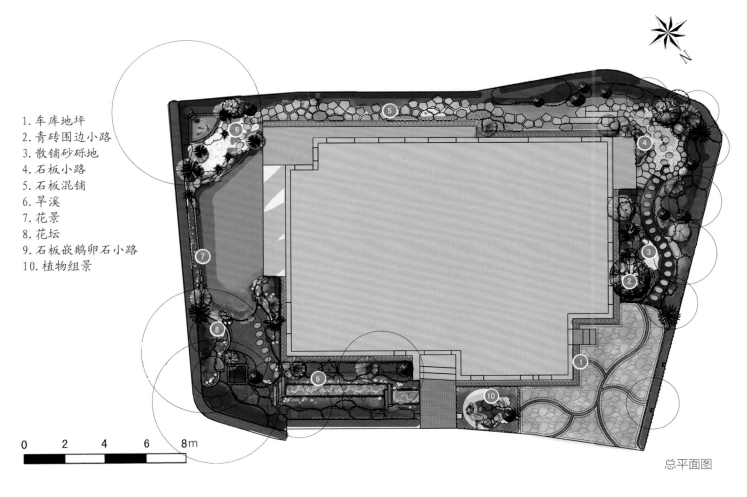

0 2 4 6 8m

总平面图

Masterland Building 8

玛斯兰德 8 栋

案例地点：南京市
案例面积：200 ㎡
设计单位：京品庭院
设 计 师：蔡志兵

这个花园是二次整改的项目，一个椭圆形的水池是花园中重要的景致，但与其他元素非常不协调，所以改造的重点就是水池，设计师稍稍改变大理石贴面的水池的形状，让岸线变得不再具象，再采用大卵石做压顶，使水池驳岸更加自然；在拐角处点缀一假山，使层次更加丰富。水边的木平台，以弧形"飘"出水面，使其亲水性更强，使平台与水池的景观协调性得以加强，拓宽的平台也更加实用。

这个花园改造的另一个重点是绿化方面，从图中铺设的地砖可以看到，中间是瓷砖，边上是板岩，其实瓷砖部分原来是小路，板岩处原来是草坪，主人觉得草坪很难打理，而且夏季蚊虫多，所以把原先草坪的区域换成板岩地面。设计之初，设计师犹豫这样会不会显得生硬，但是最后呈现的效果出乎意料，不但空间变得清爽了，而且院子好像一下子变大了很多。从这个案例中可以发现，院子草坪面积太小，其实更不容易打理。

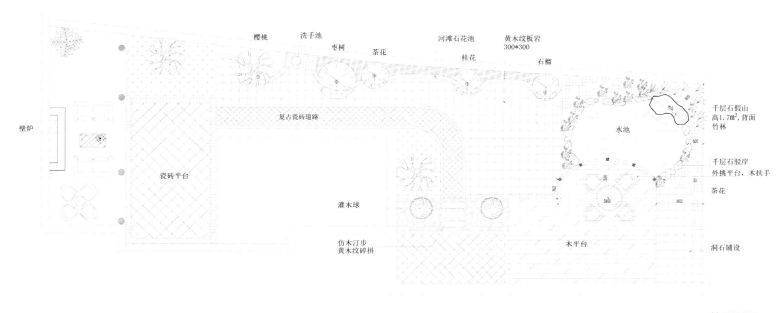

樱桃　洗手池　　　　河滩石花池　黄木纹板岩
　　　　枣树　茶花　　　　　　　　　300*300
　　　　　　　　　　　　桂花　　　　石榴

壁炉

复古瓷砖道路

瓷砖平台

水池

千层石假山
高1.7m²，背面
竹林

千层石驳岸
外挑平台，木扶手
茶花

灌木球

仿木汀步
黄木纹碎拼

木平台

洞石铺设

总平面图

Masterland Building 10

玛斯兰德 10 栋

案例地点：南京市
案例面积：200 ㎡
设计单位：京品庭院
设 计 师：蔡志兵

这个花园的最大特点是硬质铺装比较多，绿化特别是草坪很少，因为主人想要一个清爽的庭院，尽量减少打理。墙面以不同的贴面加以装饰，营造景观效果，在拐角处设置了一个石材水池，欧式人物喷水雕塑，是整个庭院的点睛之笔，使空间氛围更加欧式化，与建筑风格也非常协调。

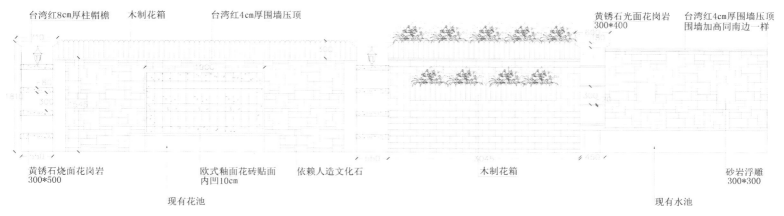

台湾红8cm厚柱帽檐　　木制花箱　　　台湾红4cm厚围墙压顶　　　　　　　　　　　　　　　黄锈石光面花岗岩　台湾红4cm厚围墙压顶
　　　300*400　　　　围墙加高同南边一样

黄锈石烧面花岗岩　　　　　欧式釉面花砖贴面　　依赖人造文化石　　　　　　　木制花箱　　　　　　　　砂岩浮雕
300*500　　　　　　　　　　内凹10cm　　　　　　　　　　　　　　　　　　　　　　　　　　　　　　300*300

　　　　　　现有花池　　　　　　　　　　　　　　　　　　　　　　　　现有水池

景墙东面立面图

Zhenjiang Yihe Garden

镇江颐和家园

案例地点：镇江市
案例面积：640 ㎡
设计单位：镇江水木清华室内外景观设计工作室
设 计 师：马尚

640 ㎡ 的院子，设计公司用了差不多一年的时间倾心打造成功。庭院是讲究季节的，春夏秋冬的姿态各不相同。鹅卵石的小径，让人走在上面感受曲径通幽的雅趣，期待走过小径能看到更美的风景。路旁的芭蕉、太湖石、麦冬结合在一起，显得自然、随意。雨天，可以坐在小木屋中听雨打芭蕉，读书喝茶，人生最惬意的时光莫过于此！

以碳化木搭建的小木屋看上去古朴、自然，一如主人的性格，沉稳、低调而不张扬。坐在木屋一隅赏花赏月，享受"若无闲事挂心头，便是人间好时节"的悠闲。拐角处花箱内的绣球花，栏杆上随意悬挂小草花，使整个小院充满花香与朝气。傍晚时点上一盏灯，家的温暖触手可及。

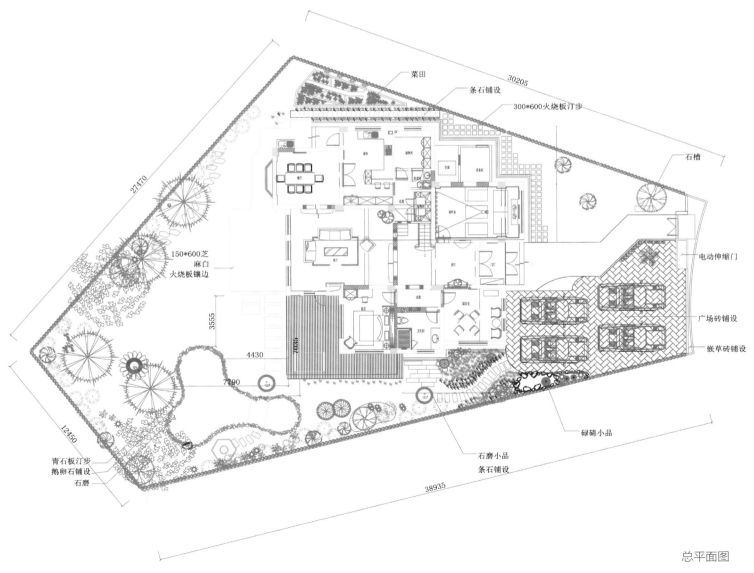

总平面图

Zhenjiang Leading Hill Villa

镇江领山别墅

案例地点：镇江市
案例面积：800 ㎡
设计单位：水木清华室内外景观设计工作室
设 计 师：马尚

红花绿地，拾阶而上。在庭院中坐享美景。品茶，望窗外绿绿葱葱，
伞下，躲避烈日炎炎。座座庭院，风景这边独好，身处都市，享受
着远离喧嚣的宁静。推开大门，一步一台阶，指引着回家的路，家
的温暖就在前方。亲朋好友，三五小聚，即使人多也不会拥挤，处
处都有可以欣赏的美景。看路两旁鲜花盛开，悠然自得。看院中池
水潺潺、曲廊折回，于廊架下品茗闲聊，惬意非常。

N

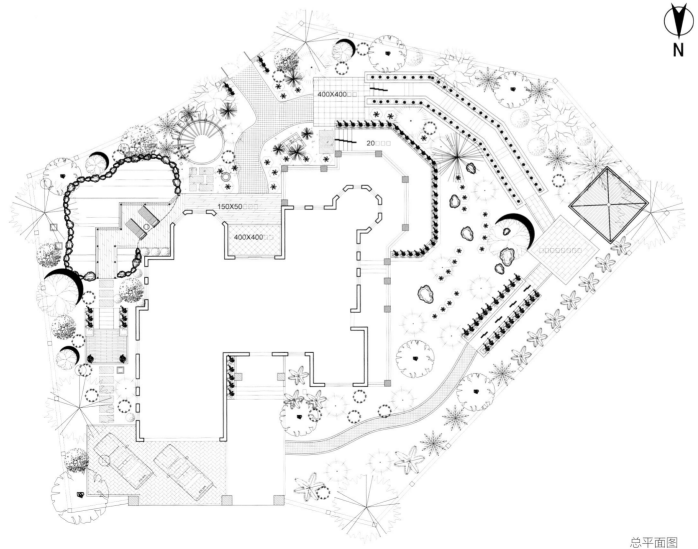

总平面图

Nine Dragons in the Clouds

九龙依云

案例地点：宜兴市
案例面积：580 ㎡
设计单位：无锡耐氏佳园艺有限公司
设 计 师：罗罗

别墅的外围有一条优美的景观河道，设计师利用借景的手法，以一座木质凉亭，将居家生活与外围的自然景观巧妙地融为一体，将私家花园融入风景。

庭院在色系上偏暖，巧妙地中和了冬日庭院偏冷的气氛。藤制桌椅、天鹅吐水等偏东南亚风格的搭配，加上错落有致的植物，使整个庭院干净利落、自然优美。

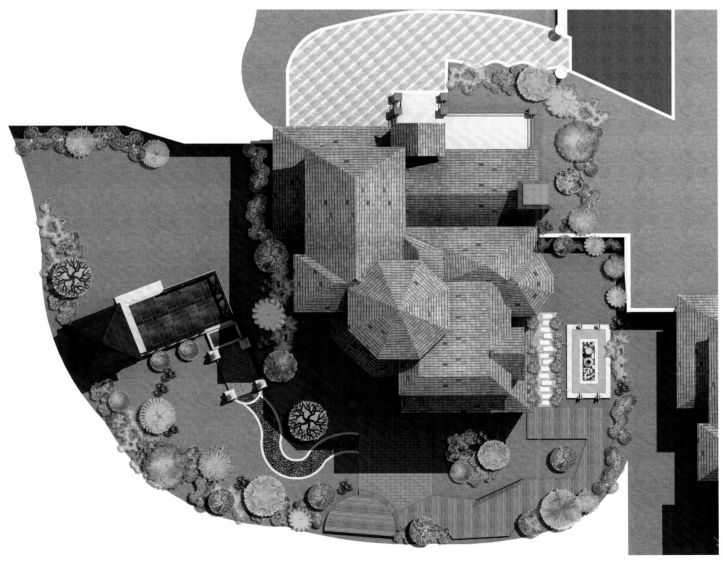

总平面图

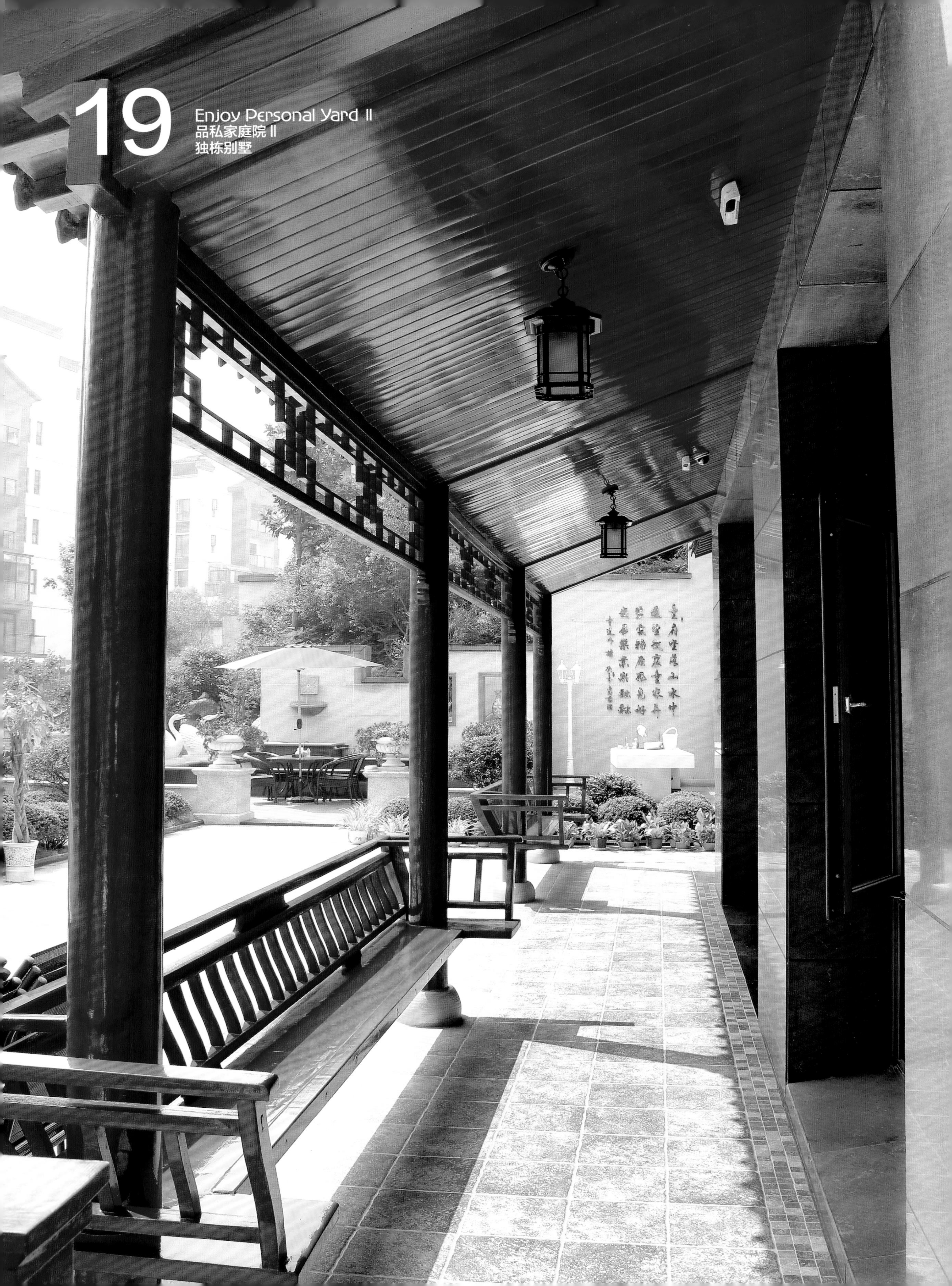

19

Enjoy Personal Yard II

品私家庭院 II

独栋别墅

JINKE Oriental Yard

金科东方大院

案例地点：江阴市
案例面积：380 ㎡
设计单位：无锡耐氏佳园艺有限公司
设 计 师：罗罗

这是一个中西混合式花园。客户家庭意见分歧较大，一边需要欧式，一边需要中式。作为私家花园订制工作者，设计师在协调与统一上花费了巨大的心思。作品完成后，整体效果比较大气、整洁，功能实用、简约，客户非常满意。

这种类型的花园，作为一款设计产品，是客户满意的；作为一次设计经历，是一番宝贵的尝试和探索。

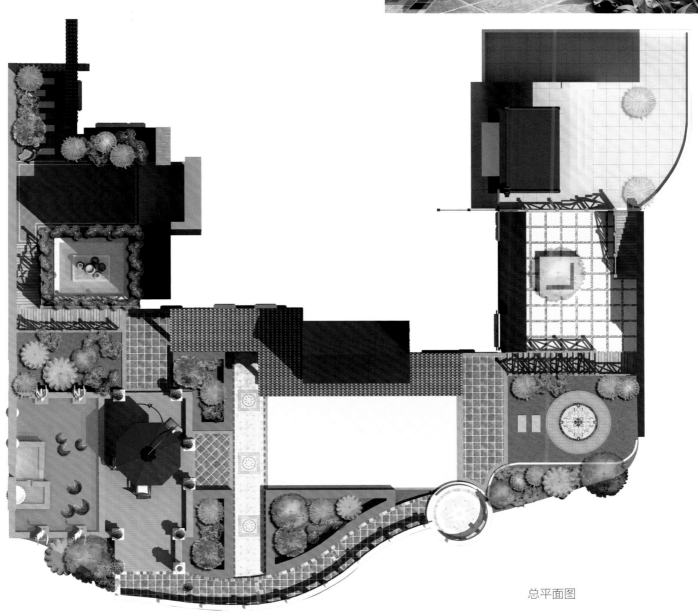

总平面图

Waterside New House

水岸新都

案例地点：江阴市
案例面积：190 ㎡
设计单位：无锡耐氏佳园艺有限公司
设 计 师：罗罗

根据主人的实际需求，花园的东边用拼色陶土砖设置了大面积的停车区域，区域上方搭建了白色的木廊架，廊架顶上装了玻璃。为了挡风避雨，也为了避免太过俗气，设计师在廊架上下了不少工夫，多层的线条，以及直线与曲线的结合等，让廊架显得与众不同。在南院，除了入户的通道外，设计师没有设置其他硬质的东西，植物景观搭配真石漆泥墙，给人以简单、舒适的感觉。在北院，设置了休闲平台、烧烤台、小块儿的菜地、木秋千，以便于在周末的空闲时光里，主人一家及其亲友有一个享受户外生活的好去处。

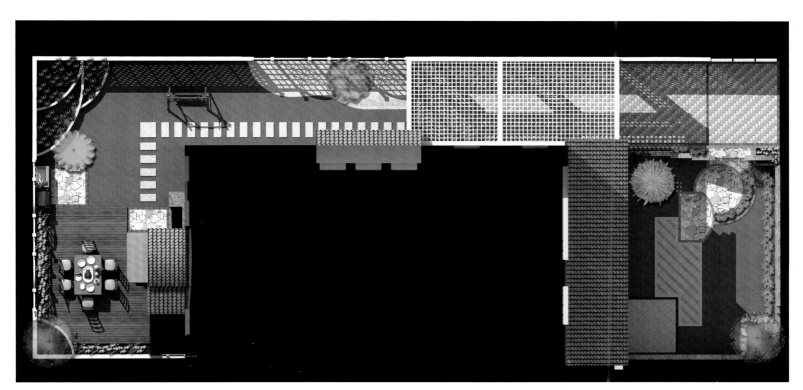

总平面图

Oak Bay

香树湾

案例地点：常州市
案例面积：200 ㎡
设计单位：无锡耐氏佳园艺有限公司
设 计 师：朱峰

本花园属于改造案例，因为主人平时比较忙，没有时间
打理花园，以至原来的花园杂草丛生，所以主人要求设
计一个既好打理又充满田园气息的花园。改造方案使用
了大量的硬质铺装和防腐木地面，尽量减少草坪的面积；
陶土砖的运用也将大部分植物划到了可控的区域内，以
便管理；白色防腐木围栏、米色的真石漆墙面、文化石
饰面又在立面上增添了花园的田园气息；主人自购的陶
罐、仿真小动物以及一些小饰品也起到了非常好的装饰
效果。

总平面图

Duplex Villa

联排别墅

联排别墅：每户独门独院，由几幢小于三层的单户别墅并联组成，每几个单元共用外墙，有统一的平面设计和独立的门户。
双拼别墅：联排别墅与独栋别墅的中间产品，由两个单元的别墅拼联组成。

叠拼别墅：Townhouse 叠拼式的一种延伸，是在综合情景洋房公寓与联排别墅特点的基础上产生的，由多层的复式住宅上下叠加在一起组合而成，下层有花园，上层有屋顶花园，一般为四层带阁楼建筑。

精美的庭院是由植物、面饰材料、灯光、装饰物、水景、构筑物、园林家具、给排水设施等各种不同的要素经过艺术化的组合而构成的。每一个要素都有其独特的魅力，运用起来并没有一定之规，庭院设计应根据实际情况而有所侧重。只有将这些要素进行有机组合，并使其与周边环境及其他系统协调统一，才能营造出赏心悦目且雅俗共赏的庭院景观。其中，最受称颂的当属水景、烧烤区和独特设计的庭院构筑物。园林家具大致有桌椅、果皮箱、各种花器、遮阳伞、树池箅、路缘石、小栏杆等，运用得当也会给庭院增色不少。

万科假日风景

案例地点：上海市
案例面积：30 ㎡
设计单位：溢柯花园设计建造事业部
设 计 师：石月伟

本案是一楼花园，以地中海风格为主。设计师考虑到主人的生活需求，把花园分成户外料理洗衣区、水景观赏区、花园休闲区，并在可以利用的空间中增加尽量多的收纳功能。花园地势较低，设计师通过抬高花园地面的方法，将空间顺势打造成鱼池，既生动又很好地提高了空间利用率，使小小的花园在极具观赏情趣的同时更加具有实用性。

Vanke Dark Blue

万科深蓝

案例地点：上海市
案例面积：200 ㎡
设计单位：溢柯花园设计建造事业部
设 计 师：赵奕

主人希望本项目呈现简洁、时尚的设计效果。同时在色彩上，以黑、白两色为设计基调。在功能上，需要有户外客厅、户外吧台和户外餐厅。结合现场基地的特点，同时考虑主人的使用习惯，设计师将室内客厅外原有的平台定位为户外客厅，以方便主人使用；户外客厅同花园交界处，由于地势较高，可俯瞰花园，故设计为户外吧台区域；原有花园区域同室内餐厅相连，故这里定位为户外餐厅。考虑到户外吧台和户外餐厅，均能够看到花园的东南角，同时这个位置也能够为室内客厅和餐厅所看到，所以将花园的主要景观点——水幕墙设置在此。花园的平面布局以45°倾斜线条为设计母题，贯穿

整个花园，将地坪、铺装、水池、花坛有机地整合在一起，形成紧凑、简洁的花园平面布局。在户外客厅处，利用原有平台的顶棚，将其延伸，设置钢结构玻璃藤架顶，覆盖整个户外客厅和户外吧台区域，使主人进行户外活动免受天气因素的影响。客厅对景墙以灯光和造型植物结合处理。灯具选择上全部以白色圆球灯为主题元素，吧台顶部的吊灯、户外餐厅边缘的地灯，均以白色圆球灯加以装饰，以形成统一的视觉效果。色彩上，铺装、花坛均采用白色材质，家具、吧台、小水景为黑色，整体色调黑白相间，简洁明快。

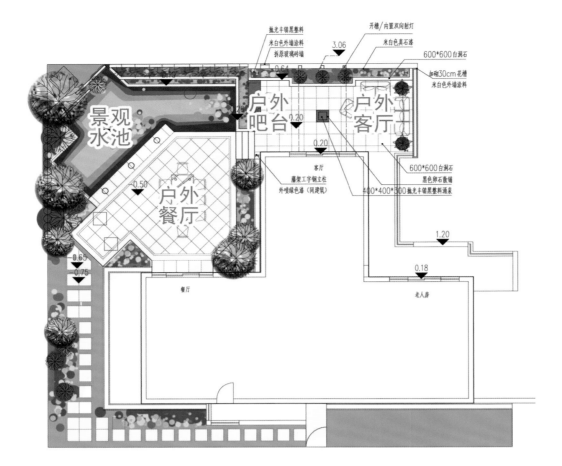

米白色外墙涂料
抛光丰镇黑整料
拆原玻璃碎墙
3.06
开槽/内置双向射灯
米白色真石漆
600*600白洞石
加砌30cm花槽
米白色外墙涂料

景观
水池

户外
吧台
0.20

户外
客厅

0.64

0.20

-0.50

户外
餐厅

客厅
藤架工字钢立柱
外喷绿色漆(同建筑)

600*600白洞石
黑色卵石散铺
400*400*300抛光丰镇黑整料涌泉

0.65
0.75

餐厅

老人房

1.20

0.18

总平面图

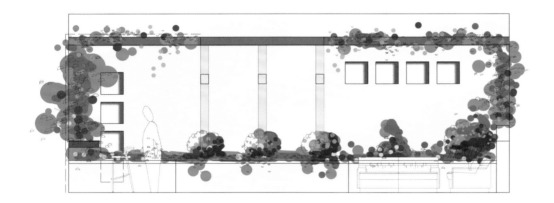

客厅对景墙立面图

水景墙立面图

Front Garden

门店花园

案例地点：上海市
案例面积：40 ㎡
设计单位：溢柯花园设计建造事业部
设 计 师：石月伟

本案是一设计公司的门面，以现代中式与自然风格相结合，设计师通过不规则的平面布局和高低错落的空间变化，打破原有店面前生硬、呆板的画面，通过对百年老榆木的再加工利用，营造小院门前的古朴意境。由于原有结构地面不能改动，仿真草皮及软装饰品的合理运用让小小的花园生机盎然又易于日后打理，尽显店面花园设计重软装轻硬装的匠心独运。

Masterland Mr. Xu's Mansion

玛斯兰德许府

案例地点：南京市
案例面积：200 ㎡
设计单位：京品庭院
设 计 师：蔡志兵

进入花园，首先看到的是欧式石雕喷泉景观，下面是圆形马赛克浅池结合弧形锦鲤池，本案的这一景观为改造重点，原先是已经做好了的整圆形浅池，显得和周边环境格格不入，于是把圆形水池切开一部分，把圆形打破，重新造型，让圆形更好地融入周边环境，墙面贴砖使这组景观的厚重感与完整性得以增强。

花园的锦鲤水池旁设置了另一组景观，围墙前砌筑了高低错落的花坛，花坛中间竖立了一个欧式女孩雕塑，结合围墙的贴面，营造一组欧式花坛景观，而这组景观正对着客厅，使花园景色与室内欧式装饰形成呼应。

花园的西侧门前有一组大廊架，门内是书房，改造前主人担心这组廊架可能会让室内的人产生压抑感，但是改造后发现，不但不压抑，还让书房的空间感扩大了，有往外延伸的效果。

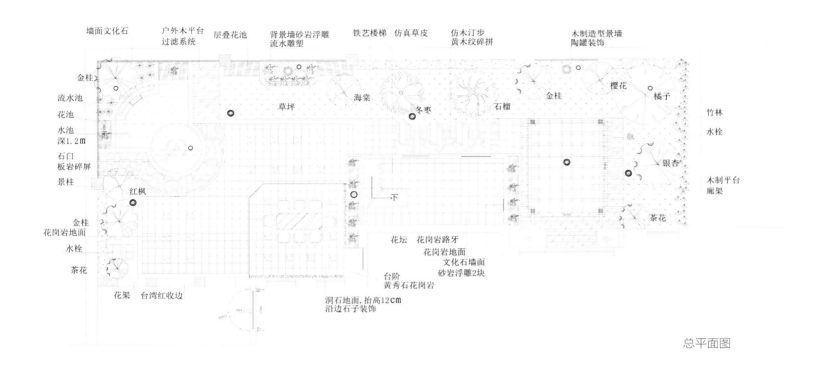

墙面文化石　户外木平台　层叠花池　背景墙砂岩浮雕　铁艺楼梯　仿真草皮　仿木汀步　　　木制造型景墙
　　　　　过滤系统　　　　流水雕塑　　　　　　　　黄木纹碎拼　陶罐装饰

金桂

流水池　　　　　　　　　　　　　　　　海棠　　　冬枣　　　石榴　　金桂　　　樱花　　橘子

花池　　　　　　　　草坪　　　　　　　　　　　　　　　　　　　　　　　　　　　　　　竹林

水池　　　　　　　　　　　　　　　　　　　　　　　　　　　　　　　　　　　　　　　水栓
深1.2m

石臼　　　　　　　　　　　　　　　　　　　　　　　　　　　　　　　　　　　　　银杏
板岩碎屏

景柱　　　　　　　　　　　　　　　　　　　　　　　　　　　　　　　　　　　　　　　木制平台

红枫　　　　　　　　　　　　　　下　　　　　　　　　　　　　　　　　　　　　　　廊架

金桂　　　　　　　　　　　　　　　　　　　　　　　　　　　　　　　　　　　　　茶花
花岗岩地面

水栓　　　　　　　　　　　　　　　　　花坛　　花岗岩路牙
　　　　　　　　　　　　　　　　　　　　　花岗岩地面
茶花　　　　　　　　　　　　　　　　　　　　文化石墙面
　　　　　　　　　　　　　　　　　　台阶　　砂岩浮雕2块
花架　　台湾红收边　　　　　　黄秀石花岗岩

　　　　　　　　　　　　　　洞石地面,抬高12cm
　　　　　　　　　　　　　　沿边石子装饰

总平面图

192

Morning Sun House

朝日苑

案例地点：镇江市
案例面积：120 ㎡
设计单位：镇江水木清华室内外景观设计工作室
设 计 师：马尚

我们在繁华的都市中忙忙碌碌，追求的其实只是一片净土，是聆听清泉石上流的心境！鱼儿水中游，鹅卵石清晰可见，从另一个角度看流动的水，更有一番情趣。绿草地上随意的一处小景，已经足够吸引人的目光。古朴的颜色，粗犷的线条，再加上旁边精致的非洲菊，构成一幅独特的美景。而一排小小的银杏是主人的大爱，春意盎然，生机无限。防腐木休息平台，不仅柔和了空间，还增加了空间的美感。庭院内用防腐木做成的围栏，挂上常青藤，形成天然的植物屏障，在为空房间增加一丝美感的同时，还是天然的空气净化器。整个空间虽然不算很大，但是地面材质看上去很丰富，汀步和平台的空缝处都铺上了白色的鹅卵石。夜晚的庭院，宁静而祥和，置身其中，仿佛世外桃源。不问世事，只求享受这一片净土；在忙忙碌碌的生活中，只愿享受这清泉石上流的静谧。

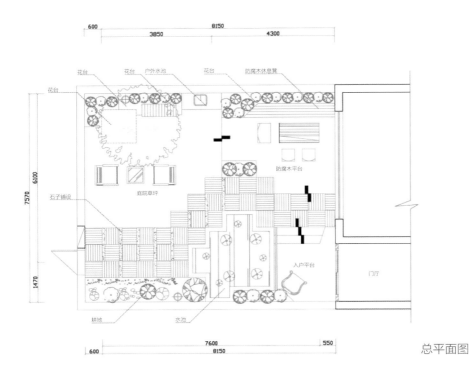

总平面图

Zhenjiang Zhongnan Century City

镇江中南世纪城

案例地点：镇江市
案例面积：60 ㎡
设计单位：镇江水木清华室内外景观设计工作室
设 计 师：马尚

小园中繁花似锦，娇而不媚。休息平台旁小小的角落弥漫着青草的味道，幽幽的清香沁人心脾，不禁让人感到久违的亲切，大自然的清香未曾远离我们。水是生命之源，是一种强而有力的象征，可以滋养生命、润泽万物。水是庭院设计必不可少的元素，无论庭院大小都要有水点缀其中，流动的水象征着财源广进。

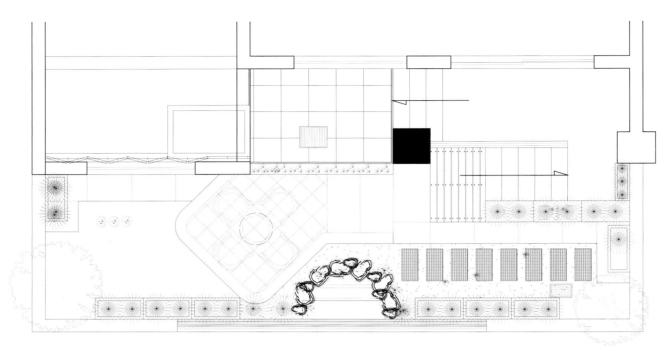

总平面图

Crown Castle International

冠城国际

案例地点：镇江市
案例面积：80 ㎡
设计单位：镇江水木清华室内外景观设计工作室
设 计 师：马尚

庭院设计以水为屏，形成相对独立的小山坡，稀有坡地别墅氛围天然筑就。另有一百多种珍稀树木——金桂、紫薇、垂丝海棠等缤纷林立。小区绿化面积很大，但是庭院不是很大，所以在设计过程中，设计师充分采用"借景"手法来巧妙设计。庭院中的硬装稍多一点，整个院落干净、整齐，挑高的防腐木地台不仅舒缓了地面，而且使地面看上去错落有致。

总平面图

American Villa

亚美利加别墅

案例地点：无锡市
案例面积：220 m²
设计单位：无锡耐氏佳园有限公司
设 计 师：黄超

亚美利加别墅为美式田园风格的休闲式花园。整个空间立面采用折叠式布局，以一个下沉式平台作为整个庭院的休息区域，周围环绕着各种绿植，再配以色彩明亮的白色廊架，消除了压抑感，满足了主人对自然美的追求。在庭院一角设置了一组高低水景，更为庭院增了一丝灵动。

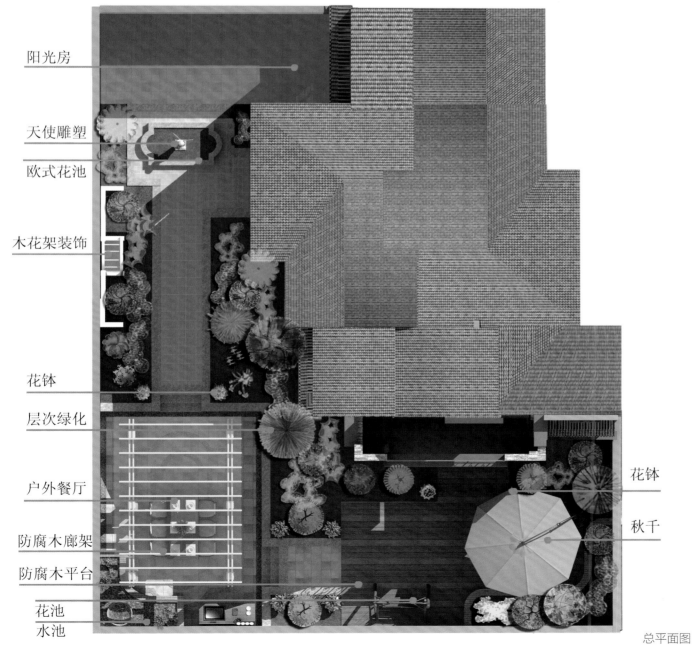

阳光房

天使雕塑

欧式花池

木花架装饰

花钵

层次绿化

户外餐厅

防腐木廊架

防腐木平台

花池

水池

花钵

秋千

总平面图

Roof Garden

屋顶中庭

屋顶花园一般分为：休闲屋面、生态屋面、种植屋面和复合屋面。

休闲屋面是进行屋顶绿化覆盖的同时，建造园林小品、花架廊亭以营造出休闲娱乐、高雅舒适的空间。生态屋面是在屋面上种植绿色植物，并配备给排水设施，使屋面具备隔热保温、净化空气、阻噪吸尘、增加氧气的功能。种植屋面是每个人都希望拥有的，能够有一个绿色的院子，并能采摘食用自己亲手种植的果蔬，是一番多么美妙的享受。复合屋面是集"休

闲"、"生态"、"种植"为一体的屋面处理方式，在同一栋建筑上既有休闲娱乐的场所又有生态种植的形式，这是针对不同样式的建筑而采用的综合性屋面处理模式。

根据设计规范，不上人屋面静荷载为大于或等于 140 kg/m^2，但是这个数值对于屋顶绿化是比较小的。这种屋面可利用草坪、地被、小型灌木和攀缘植物进行屋顶覆盖绿化等简单的处理。对于建筑静荷载大于或等于 250 kg/m^2 的建筑，植物选择的种类比较丰富，灌木或者乔木都是可以的，可以采用

乔、灌、草相结合的植物配植方式。一些景观设计元素如花架、山石、水景等较重的物体都应设计在墙、柱、梁等位置，同时还能形成丰富多彩的地形地貌。

提到屋顶花园的排水方式，至关重要的原则就是利用整个屋面现有的排水系统，无论使用的是排水沟、雨水斗还是落水系统，实际设计时都尽量不要破坏屋面排水系统的整体性，尽量避免地表径流的方式排水。很多时候设计人员喜欢将道路铺装上的水排向周边的绿地，但如果遭遇暴雨，绿地上的排水系统将承受双倍的排水压力，同时一些枯树枝或者落叶等还容易堵塞排水口，降水如果不能迅速排掉，必将使屋面变成一片汪洋。所以，采用整体铺装屋顶绿化系统更有利于排水顺畅。

屋顶花园的植物种类宜选择姿态优美、矮小、浅根、抗风力强的花灌木、小乔木、球根花卉和多年生花卉。由于多年生木本植物根系对防水层的穿透力很强，因此应根据覆土厚度来确定种植品种。覆土厚 100 cm 可植小乔木；厚 70 cm 可植灌木；若厚 50 cm，可以栽种低矮的小灌木，如蔷薇科、牡丹、金银藤、夹竹桃、小石榴树等；若厚 30 cm，宜选择冬枯夏荣的一年生草本植物，如草花、药材、蔬菜等。

自然原土不适合用于屋顶绿化。现在屋顶绿化专用的土壤也出现了很多新品种，比如腐殖土加入陶粒、火山岩土壤等。一般采用轻质的人工基质并加入一些直径在 5 ~ 8 mm 左右的轻质颗粒物，比如常见的黏土砖破碎的颗粒、蛭石、膨胀珍珠岩、硅藻土颗粒等，增加基质层中的空隙率以加快水的渗透，同时减小负荷。

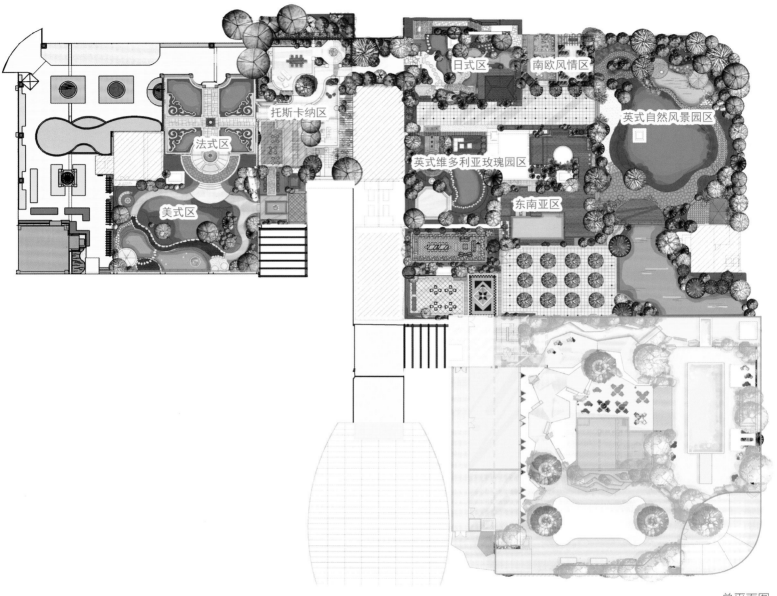

托斯卡纳区

法式区

美式区

日式区

南欧风情区

英式自然风景园区

英式维多利亚玫瑰园区

东南亚区

总平面图

EcoG Garden Life Center

溢柯花园生活中心

案例地点：上海市
案例面积：12 000 ㎡
设计单位：溢柯花园设计建造事业部
设计师：侯坚英

溢柯花园生活中心，包括 8 座经典风格花园， 12 000 ㎡ 全球花园实景中心荣获 "2012 最佳世界屋顶花园" 奖。

整个屋顶花园具备 800 kg /㎡ 的净载重。溢柯选用独创多年的土壤配方，配备了具有持肥力、保水性、疏松性以及相对固根性的轻质土。在整体结构上，建造时将整个屋顶花园架空，保证水由建筑原排水系统排出，不对建筑原排水系统和防水层做任何破坏或改变，解决了排水和防漏两大难题。同时，以建筑原有透光天井包围屋顶花园作为有效的防风板。得益于这一系列世界领先的技术，溢柯为我们带来了这个赏心悦目的空中花园。

日式古典禅意园

适用范围： 古韵、清幽、沉静，是日式古典花园的特质，每一颗砂石、每一片树叶，仿佛都在传递着生命的信息、宇宙的真谛，适合设置在小面积的后院或侧院中，通常同茶室、书房相连。

构图： 不拘泥于构图的形式，更注重画面感，各造园元素间的融合渗透关系需要精心设置且不着痕迹。

造园要素： 老石板嵌草地坪、枯山水、龟岛、圆木柱凉亭、竹木制寺桓围篱、锦鲤鱼池。

特色材质： 老石板、彩色石英石板、陨石板、瓦头、龟纹石、竹木制寺桓、井户。

特色植物： 鸡爪槭、紫竹林、造型羽毛枫、造型罗汉松、造型五针松、春娟组团、矮麦冬。

地中海托斯卡纳园

适用范围： 地中海风格建筑特有的舒适、自由，适合运用于以度假为主的别墅庭院或者别墅庭院的后院中。

构图： 自然、流畅，可结合花园现场实际情况及功能需求，自由安排。

造园要素： 曲线矮墙、硬质铺地广场、喷泉、手抹墙。

特色材质： 水泥压花砖、法国石灰石自然边、红砂岩、手工陶砖、铁艺、陶罐。

特色植物： 石楠树、棕榈、海枣、凌霄、藤本月季、地中海英迷、百子莲。

英式维多利亚玫瑰园

适用范围：典雅、精致、清新的维多利亚玫瑰园，能与大部分欧式风格建筑相契合，对面积的要求也很灵活，可以圆很多花园主人的玫瑰梦。

构图：多边几何形是玫瑰园的基本形式。其他元素的构成可根据出入口关系及花园形状确定，以自然、顺畅为前提。

造园要素：白色的木网格围篱、园艺砖小径、带装饰的白色八角形阳光房、星形喷水池。

特色材质：古董园艺砖、水泥压花砖、赤陶砖、仿古钻石木地板。

特色植物：木香、藤本月季、白花紫薇老桩、日本琼花、紫花独本丁香、品种月季。

适用范围： 兴起于英国工业革命后的英伦自然风景园，是园林历史中模仿大自然的典范，适合拥有大面积花园的别墅以及希望营造英伦自然风景的会所、酒店。

构图： 自由式的曲线是自然风景园的构图母题，蜿蜒的小径、河岸线、植被边界交错绵延，形成一幅宛如天成的自然美景。

造园要素： 层次丰富的乔灌木林、英伦风双层顶八角亭、自然式驳岸的水池、边界蜿蜒的大草坪、乡村风格的单臂木廊架。

特色材质： 仿自然面钻石木、滚磨砂石、黄木纹石芯沙砾、绳边粉砂岩石板。

特色植物： 乌桕、三角枫、鸡爪槭、红枫、紫玉兰、樱花、乐昌含笑、散生小叶女贞、散生栀子、散生蚊母、大叶毛娟。

东南亚风情园

适用范围： 温和的木质、清凉的池水、简约的构图，给人以回归本源的放松、惬意，不用太大的空间就可以拥有，适合别墅的后花园及私密的屋顶花园。

构图： 以矩形与直线条的组合来演绎简约、理性的庭园空间。

造园要素： 直线形木平台、座椅、料理台、无边际泳池、整体式 SPA 池、户外冲淋区、特色景墙。

特色材质： 红雪松（栗壳棕木油）、香槟灰整体石条、香槟灰石材马赛克。

特色植物： 琵琶、杨梅、芭蕉、丛生状八角金盘、大叶栀子、百子莲。

南欧乡村蔬菜园

适用范围： 法国、西班牙、意大利南部的乡村是很多人向往的归隐地，手工垒石墙、原木廊架、紫衣甘蓝、翠叶芦荟……花园中每一样的存在，都让都市人在别墅花园中充满了生活中最美的心情。

构图： 受法式庭院的影响，以几何对称图案为主，既美观又便于打理。

造园要素： 手工石垒墙林、原木廊架、藤编菜畦、古董园艺砖小径、整石开凿水槽、木质工具房。

特色材质： 古董园艺砖、皮革面石灰石、手工古堡面石灰石、枕木、松木原木。

特色植物： 五彩椒、罗勒、紫衣甘蓝、翠叶芦荟、薄荷、迷迭香。

法国勒诺特尔式宫廷园

适用范围： 法式宫廷园特有的庄重、典雅的贵族气势，适合运用于建筑主入口的广场或别墅庭院的正院入户区域。

构图： 整个空间编织在秩序严谨、主从分明的几何网络中，以清晰的中轴线统领全园。

造园要素： 刺绣花坛、弧形廊台、中心喷泉、手工拼花地坪。

特色材质： 法国石灰石古堡面、法国石灰石古皮革面破边、陨石、古董耐火砖。

特色植物： 瓜子黄杨树、小叶女贞球、瓜子黄杨球、黄杨绿篱。

美式乡村花境园

适用范围： 大气的格局、流畅的曲线，注重生活功能区域的设置，带给人们轻松、惬意的花园生活享受，适合运用于大面积的别墅后园中。

构图： 开阔、大气的格局是显著特征，通常有曲线流畅的路径，将草坪、生活区域、水池有序自然地组合在一起。

造园要素： 开阔的大草坪，自然形态的水池，简欧风的廊架和凉亭，朴拙粗犷的石质火炉，品种丰富、层次错落的花境。

特色材质： 草本洞石、深黄石灰石、绲边石灰石、多规格小料石、石灰石滚磨弹石、面包石、红雪松（橡木色木油）。

特色植物： 羽毛枫、红枫、自然型小叶女贞、自然型金森女贞、矮蒲苇、彩叶杞柳、大花金鸡菊、细叶美女樱。

Gen Tech Roof Garden

正帆科技屋顶花园

案例地点：上海市
案例面积：151 ㎡
设计单位：溢柯花园设计建造事业部
设计师：侯坚英

正帆科技屋顶花园是一个企业总部的屋顶花园，设计师希望利用有限的造价，打造花园中的功能空间，如花园会议、团队交流以及花园中的团队活动或者休息区域。

设计师根据企业室内外的关系，建造了廊架，延长了花园的可使用时间。同时在造价上做了有效的控制，草坪采用景天科植物，因此只需 5 cm 的覆土层，解决了造价和养护难的问题。设计师考虑到了安全因素，建造了弧形安全挡墙。材料运用上以木材、手抹墙、马赛克、水洗石和成品木桩为主，使其施工快、造价低，同时满足了花园主人的要求。

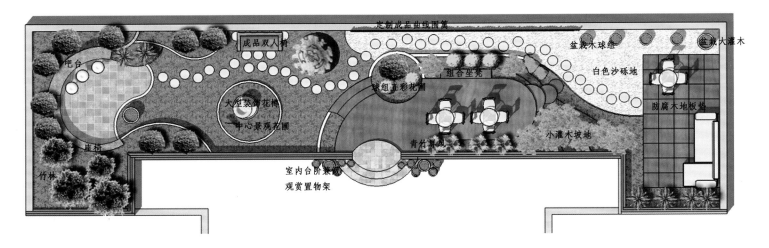

定制成品曲线围篱

成品双人椅

吧台

盆栽木球缝　　盆栽大灌木

白色沙砾地

球组立彩花圃　组合坐凳

大型装饰花槽

中心景观花圃

青竹屏风　　　小灌木坡地

防腐木地板地

座椅

竹林

室内台阶兼做
观赏置物架

N

总平面图

Vanke Holidays Loft Terrace

万科假日风景顶楼露台

案例地点：上海市
案例面积：35 ㎡
设计单位：溢柯花园设计建造事业部
设计师：石月伟

本案是一小区顶楼露台，花园风格以现代日式为主，融合东南亚及地中海的多重混搭风格。主人是一位学者，喜欢安静的氛围，经过沟通后，设计师在方寸之间为主人设计出可以修身养性的就餐区、可以赏玩的锦鲤鱼池区、可以和二三好友小聚的下午茶区。在功能上设计了为主人在进行户外活动时提供方便的料理区，顶上增加遮阳棚及夏天需要的吊扇，以及与室内氛围相融合的围栏，同时主人从世界各地带回来的纪念品作为点缀，让小小的花园充满情趣与生机。夜幕降临，微风拂过，灯光在植物的映衬下晶莹闪烁，聆听潺潺流水与以大自然为背景的优美音乐，生活如此轻松快乐。

Landsea Group Atrium

朗诗集团中庭

案例地点：上海市
案例面积： 184 ㎡
设计单位：溢柯花园设计建造事业部
设计师：赵奕

位于上海同济大学科技园园区内的上海国际设计中心，是世界建筑大师安藤忠雄在上海的首个办公楼建筑作品，也是他为中国建筑设计的第一个公共项目。中心建筑设计线条简练，体块清晰，整个建筑充满了力量，被认为是大师的神来之笔。朗诗集团研发中心就位于上海国际设计中心的核心楼层，其中庭空间也是该建筑中不多的户外空间之一。大师作品环抱中的这一宝贵的户外空间，需要在满足使用功能需求的同时，兼顾四周不同功能的室内空间的观赏需求，同时还要同建筑和室内的风格相契合。

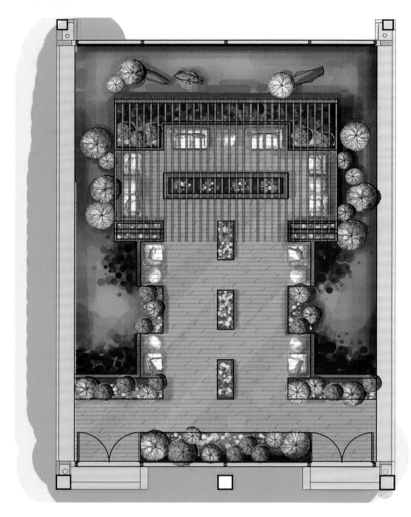

总平面图

主人希望在该处呈现一个简洁、优雅的花园，同时可供职员工作之余休息、散步、闲谈，在气候温和的季节，可以进行小型的户外商务谈判或者会议，假日里还可以成为 team building 的理想所在。设计师根据主人的要求，将户外空间划分为开放区和私密区两部分，开放区域设置小型咖啡座，可供员工小坐，中央开阔的区域可放置会议桌，这里顿时变身为小型户外会议室，也可作为 BBQ 空间，供公司活动时使用；私密区域顶部设藤架顶棚，周围以植物围合，与周围空间进行有效的分隔，内部设置沙发座，可进行简单的商务洽谈。

庭院中轴线顶端设置简约风格的低矮水景，在不遮挡视线的同时，也让空间更为灵动、自然。另外，由于该空间从室内四面皆可看到，所以需要考虑四周室内空间的视觉效果。南侧为花园主入口，花园整体轴线由此展开；东西两侧为走廊，故高低错落地种植竹子和四季花卉，适当地遮挡视线；北侧为多媒体会议室，所以在私密空间底部，用竹子和木质挡板遮挡视线，办公室外以景石、造型植物形成富有禅意的对景，以满足会议空间的观景需求。

Daphne Roof Garden

达芙妮屋顶花园

案例地点：上海市
案例面积：80 ㎡
设计单位：溢柯花园设计建造事业部
设计师：赵奕

本庭院空间位于达芙妮上海总部顶层、总裁办公室外，为一阳光房。主人希望在此呈现与室内一致的装修风格，同时还能够具有很强的园艺感并满足喝茶、商务洽谈、休闲的使用需求。

从地面到家具，在色调上均采用与室内统一的木色与白色石材相结合的处理手法，使室内外呈现统一的基调。同时在地面上，以不同的材质区分空间，中央主要饮茶空间的地面为木质，周边地面为同室内一致的白色石材；左侧以白色石材建造吧台，内部隐藏饮水机、微波炉等电器，满足业主对实用功能的要求；后部整面对景墙，全部采用现代绿墙设计，整体时尚、大气，也使原本狭小、无处种植植物的空间顿时绿意盎然。全自动喷灌的框架也使养护难度大大降低。绿墙前部采用镜面水池设计，静水深流，给空间注入几许生气的同时，也增加了空间的空气湿度，有助于植物的养护。

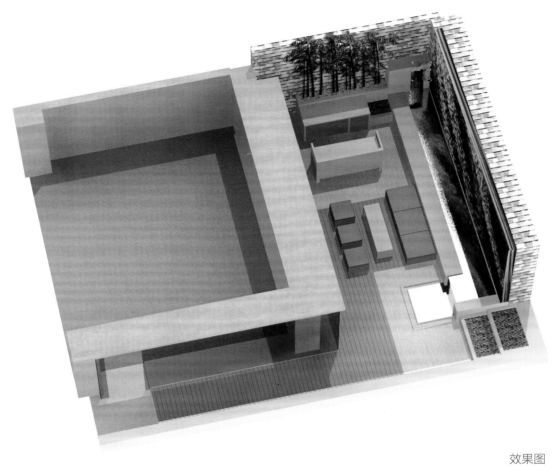

效果图

Qianzhou Town Roof Garden

前洲镇屋顶花园

案例地点：无锡市
案例面积：320 m²
设计单位：无锡耐氏佳园艺有限公司
设计师：王建飞

主人要求：① 新中式庭院，需有水池可以养鱼；② 可赏、可游、可居，小巧、精致。
设计师以最具中式代表性的假山流水和长廊作为整个庭院的主题景观。屋顶花园最先考虑的就是楼板的承重能力，所以此处的假山石及驳岸都是用塑石打造的，塑石可以解决承重问题，而且不会影响整个庭院的效果，塑石的丹顶鹤增添了整个庭院的趣味性。鹅卵石的拼花园路不仅避免了铺装的单一性，也便于主人平时在此健身锻炼。

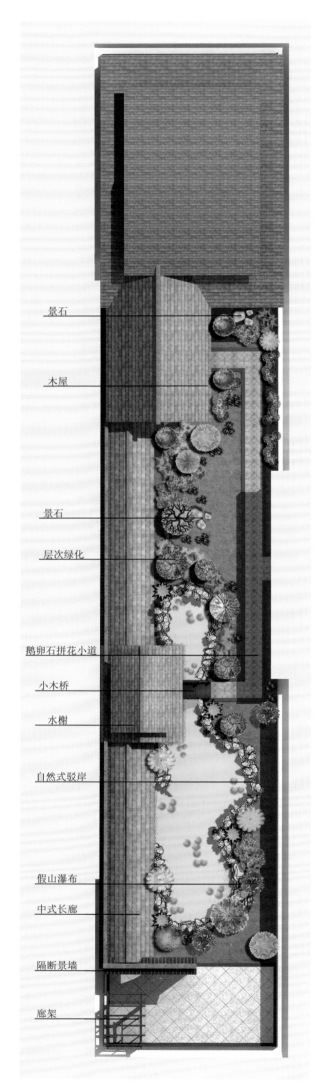

景石

木屋

景石

层次绿化

鹅卵石拼花小道

小木桥

水榭

自然式驳岸

假山瀑布

中式长廊

隔断景墙

廊架

总平面图

图书在版编目（CIP）数据

品私家庭院 . 2 / 上海溢柯园艺有限公司主编 . --
南京：江苏凤凰科学技术出版社，2015.3
　ISBN 978-7-5537-0648-1

　Ⅰ . ①品… Ⅱ . ①上… Ⅲ . ①别墅－庭院－园林设计
－图集 Ⅳ . ① TU986.2-64

　中国版本图书馆 CIP 数据核字 (2014) 第 285797 号

品私家庭院 II

主　　　　编	上海溢柯园艺有限公司	
项 目 策 划	凤凰空间/杜玉华	
责 任 编 辑	刘屹立	
特 约 编 辑	楚鸿雁	

出 版 发 行	凤凰出版传媒股份有限公司
	江苏凤凰科学技术出版社
出版社地址	南京市湖南路1号A楼，邮编：210009
出版社网址	http://www.pspress.cn
总 经 销	天津凤凰空间文化传媒有限公司
总经销网址	http://www.ifengspace.cn
经 销	全国新华书店
印 刷	北京博海升彩色印刷有限公司

开　　　本	1 020 mm×1 420 mm　1 / 16
印　　　张	18
字　　　数	144 000
版　　　次	2015年3月第1版
印　　　次	2015年3月第1次印刷

标 准 书 号	ISBN 978-7-5537-0648-1
定　　　价	288.00元（精）

图书如有印装质量问题，可随时向销售部调换（电话：022-87893668）。